HEIMI SCHE

PERLEN

GEHEIM NIS SE

INHALT

Thomas

Als wir in der Abteilung Naturschutz am Amt der Oberösterreichischen Landesregierung im Jahr 1999 erste Projekte zur Rettung der Flussperlmuschel in unseren heimischen Gewässern beschlossen, wurde recht schnell klar, dass ein solches Unternehmen nur erfolgreich sein kann, wenn es über einen langen Zeitraum konsequent verfolgt wird. Wie nötig und richtig es daher war, 2011 das Artenschutzprojekt *VISION FLUSSPERLMUSCHEL* zu starten, zeigt der Blick zurück auf die Erfolge in den vergangenen 10 Jahren.

Von Beginn an lag der Fokus auf zwei zentralen Strategien: der Nachzucht von Jungmuscheln aus den Gewässersystemen von Aist und Naarn sowie der Untersuchung der beiden Einzugsgebiete mit dem primären Ziel, die bestmöglichen zukünftigen Wiederansiedlungsgewässer zu finden und zu optimieren. Die Naturschutzmaßnahmen greifen und mittlerweile gelingt die Nachzucht fruchtbarer Flussperlmuscheln aus diesen Gewässersystemen, wie die Jahresberichte des Technischen Büros für Gewässerökologie blattfisch e.U. dokumentieren. Doch keine Maßnahme im öffentlichen Raum kann ohne die Kooperation der Bevölkerung gelingen, weshalb neben den Naturschutzmaßnahmen und der Arbeit der Experten in den Forschungs- und Zuchtstationen,

Stelzer,

Landeshauptmann Oberösterreich

der aktiven Öffentlichkeitsarbeit speziell in den Gemeinden und Bezirken, in denen die Gewässer verlaufen, eine große Bedeutung zukommt: Diese Informationsveranstaltungen haben das Verständnis und die Akzeptanz für die notwendigen Schutzmaßnahmen zur Rettung der Flussperlmuschel geschaffen. Umso erfreulicher ist es, dass die Oberösterreichische Landes-Kultur GmbH sich nun auch diesem wichtigen Thema angenommen hat und mit der Wanderausstellung *Heimische Perlengeheimnisse* neben den naturwissenschaftlichen Aspekten der Flussperlmuscheln auch die kulturgeschichtlichen Hintergründe beleuchtet — passenderweise zu einem Zeitpunkt der die Hälfte der Laufzeit des Projektes *VISION FLUSSPERLMUSCHEL* markiert.

Wir dürfen mittlerweile hoffen, dass wir es innerhalb der Projektlaufzeit von weiteren 10 Jahren erreichen können, die nahezu ausgestorbenen Flussperlmuscheln wieder in unseren heimischen Gewässern anzusiedeln und mit Ausstellungen wie *Heimische Perlengeheimnisse* die Bedeutung eines oberösterreichischen Natur- und Kulturgutes in die Bevölkerung zu tragen.

Weidinger,

Direktor OÖ Landes-Kultur GmbH

Perlen sind schön, sie sind wertvoll und von geheimnisvollen Erzählungen umrankt. Wir wissen, dass es Fussperlmuscheln seit 65 Millionen Jahren gibt. Doch die ältesten bekannten Perlen wurden erst Anfang des 21. Jahrhunderts durch Archäologen in den Vereinigten Arabischen Emiraten gefunden: Mittels Radiokohlenstoffdatierung konnte ihr „Geburtsjahr" auf 5.800 vor Christus datiert werden.[2] Tatsächlich aber muss man gar nicht in die Ferne schweifen, um Perlenschätze zu finden, es gibt sie auch in den heimischen Gewässern Oberösterreichs — beziehungsweise, leider muss man fast sagen „gab", denn die Flussperlmuscheln sind nicht nur bei uns, sondern in ihrem gesamten Verbreitungsgebiet vom Aussterben bedroht. Dafür gibt es viele verschiedene Gründe, die sich ganz grundsätzlich darauf zurückführen lassen, dass Perlen seit jeher als Schmuckobjekte begehrt

sind, ab der Industrialisierung um 1900 die Muscheln selbst, auch ohne Perle aufgrund des Bedarfs an Perlmutt in großer Zahl gefischt wurden und in jüngster Zeit die Bedrohung durch Umweltverschmutzung die Bestände zerstört hat. Nur im oberösterreichischen Mühl- und im niederösterreichischen Waldviertel sowie in Bayern und Tschechien finden sich in Mitteleuropa noch bedeutende Restvorkommen, darum hat Österreich eine besondere Verantwortung innerhalb der EU, den Fortbestand dieser Art zu gewährleisten.

Die Abteilung Naturschutz am Amt der Oberösterreichischen Landesregierung hat darum im

Alfred

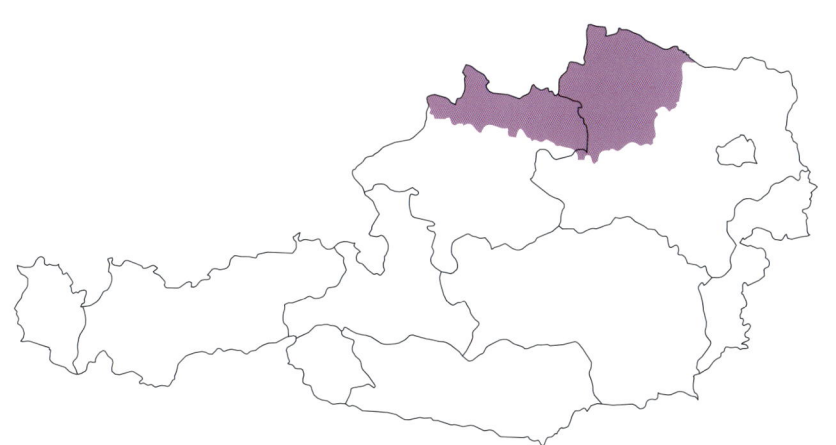

Jahr 2011 ein langfristiges, umfangreiches Artenschutzprojekt mit dem Titel *VISION FLUSSPERLMUSCHEL* ausgerufen: In einer eigens errichteten Zuchtstation in Kefermarkt betreut das Team des Technischen Büro blattfisch e.U. Flussperlmuscheln der Naarn. Parallel dazu arbeitet die Österreichische Naturschutzjugend Haslach mit Kooperationspartnern grenzüberschreitend zum Wohle der Muscheln. Fruchtbare Tiere helfen bei diesen Projekten, die Lücke an jungen Muschelgenerationen zu füllen und so die überalterten Bestände zu stabilisieren.

Nach zehn Jahren ist es an der Zeit, die Ergebnisse als umfassende Ausstellung der Öffentlichkeit zu präsentieren. Die Oberösterreichische Landes-Kultur GmbH startet daher im Frühjahr 2021 mit einer Wanderausstellung, die die vielen Aspekte der heimischen Flussperlmuschel präsentiert: *Heimische Perlengeheimnisse* beleuchtet die kulturellen, ökologischen und wirtschaftlichen Aspekte der Flussperlmuscheln und versteht sich gleichzeitig als Zwischenbilanz des Artenschutzprojekts *VISION FLUSSPERLMUSCHEL*.

Laut Gustav Riedl konnte man noch 1927 in vielen Gewässern der österreichischen Böhmischen Masse Flussperlmuscheln finden. Heute existieren sie in weniger als einem Viertel der ehemals muschelführenden Gewässer.

An diesen Orten wurden 1927 Flussperlmuscheln gefunden, die sich heute in der Sammlung für Wirbellose Tiere der OÖLKG befinden:

1 Finsterbach, Friedrichsberg
Datum: 06.1927
Sammler: Kollon I.

2 Große Mühl, Vorderanger,Klaffer
Datum: 02.07.1927
Sammler: Franz Wöß

3 Daglesbach, Lembach
Datum: 06.1927
Sammler: Leopold Altwirth

4 Pesenbach bei St. Martin im Mühlkreis
Datum: 10.07.1927
Sammler: Franz Wöß

5 Steinbach bei Leonfelden
Datum: 07.1927
Sammler: Brosch F.

6 Feldaist, Paßberg, Windhaag bei Freistadt
Datum: 07.1927
Sammler: Hackl K.

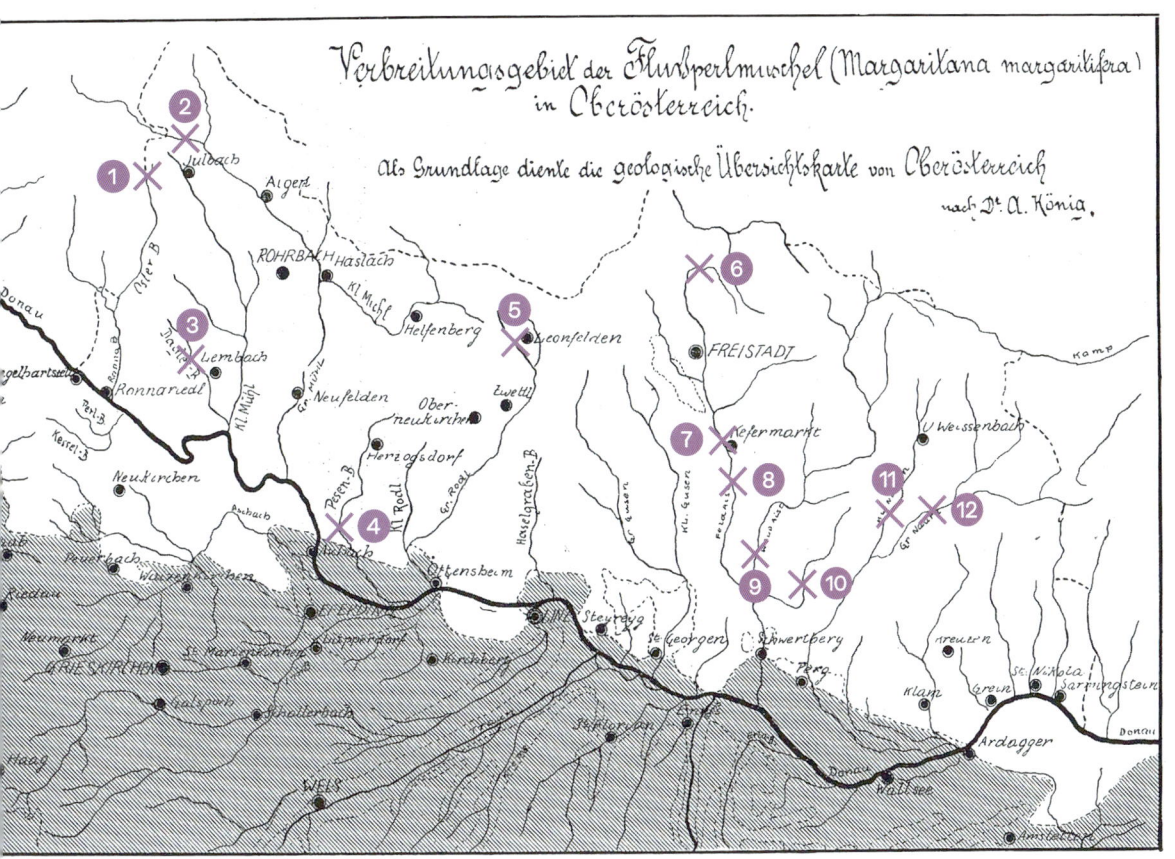

(02)

7 Feldaist, Kefermarkt
Datum: 03.09.1927
Sammler: Franz Ritzberger

8 Flanitz, Kefermarkt
Datum: 26.07.1927
Sammler: Franz Ritzberger

9 Waldaist, Reichenstein
Datum: 16.06.1927
Sammler: Höllhuber I.

10 Unterlauf Kettenbach, Tragwein
Datum: 05.08.1927
Sammler: Schulleitung Tragwein

11 Kleine Naarn, Pierbach
Datum: 21.06.1927
Sammler: Ludwig Voigt

12 Große Naarn, Pierbach
Datum: 07.07.1927
Sammler: Ludwig Voigt

DANK
SA
GUN
GEN

blattfisch e. U.
Clemens Gumpinger
Daniel Daill

Abteilung für Naturschutz Land
Stefan Guttmann

Kloster Ebstorf
Erika Krüger

Landschaftspflegeverband
Passau e. V.
Marco Denic

Institut für Sächsische
Geschichte u. Volkskunde
Marsina Noll

imusee® technology meets art
Abraham Ananda Baumann

Wentzel'sche Guts- und
Forstverwaltung Weinberg
Wilhelm Leitner
Gerhard Leonhardsberger

LUMALENSCAPE GmbH
Frank Just

OÖ Burgenmuseum
Reichenstein
Edeltraud Jungwirth

önj Haslach
Karl Zimmerhackl

Naturhistorisches Museum Wien
Vera Hammer

Gemeinde Aigen-Schlägl
Gemeinde Perg
Gemeinde Kefermarkt

Stift Schlägl
Pater Petrus
Doris Wögerbauer

Diöezese Linz
Susanne Geier

Agnes Bisenberger
Hans Grohs
Sabine Luger
Georg Meditz
Manfred Wakolbinger

KAPITEL I

PERLEN –

SO

BEGEHRT

WIE DIA

AMANTEN

(05)

Seit jeher gelten Perlen als Symbole der Reinheit und Vollkommenheit und waren lange vor allem dem Adel und der Kirche vorbehalten, die daraus prächtige Schmuckstücke und Gewänder fertigen ließen. So zählt etwa die Perlenkette der sächsischen Kurfürstin Maria Amalia mit 177 Perlen der Flussperlmuschel zu den Schätzen des Grünen Gewölbes in Dresden und auch in der Österreichischen Kaiserkrone und den Reichsinsignien finden sich mit großer Wahrscheinlichkeit heimische Flussperlen.

Aber auch kleinere Perlen waren begehrt: Die sogenannten Saatperlen wurden etwa auf Messgewänder aufgestickt, wie auf die ca. 450 Jahre alte Kasel des Stiftes Schlägl: Eine Stickerei aus ungefähr 10.000 Perlen zeigt eine Ährenkleidmadonna und Christus. Doch neben der Schönheit war auch der symbolische Wert der Flussperlmuscheln bedeutend. Maria Theresia zum Beispiel liebte Perlenschmuck und empfahl ihren Töchtern diesen zu tragen, um ihre Fruchtbarkeit zu stärken.

Anders als Edelsteine, die geschliffen und poliert werden müssen, um ihre ganze Schönheit zu entfalten, ist eine Perle bei der Entnahme aus der Muschel bereits ein vollkommenes Schmuckstück – und seit jeher als solches

begehrt: Eine alte Weisheit besagt: „Perlen bedeuten Tränen", darum sollte eine Braut am Hochzeitstag keinesfalls Perlenschmuck tragen, doch der historische Hintergrund für diesen „Aberglauben" ist vermutlich, dass der Kult um die „Tränen der Götter" und der Prestigegewinn für ihre Besitzer so manches Fürstenhaus in den Ruin getrieben hat und sich zu einem so ernsthaften politischen Problem entwickelte, dass ab dem Spätmittelalter das Tragen von Perlenschmuck reglementiert wurde: In Bologna galt die strengste italienische Kleiderordnung, die ab 1453 Frauen und Fräulein alten Adels das Tragen von „Halsschnüren von Perlen" untersagt. Die älteste deutsche Kleiderordnung aus dem Jahr 1345 besagt, dass in Ulm „keine Frau, noch Jungfrau von den Patriciern oder Handwerkern Perlen, genähtes Gold, Borden etc. aussen an den Gewändern tragen" durfte, und offenbar war eine Verschärfung der Regeln nötig, denn ab „1411 durften dieselben nicht mehr als einen Perlenkranz und zwar nur von 12 Loth Werth haben". Auch in der Neuzeit sah sich der Adel noch gezwungen, der Gesellschaft einen Regelkatalog an die Hand zu geben. In der Kleiderordnung des Herzogs Johann Georg von Sachsen vom 23. April 1612 heißt es: „Die von Adel dürfen kein Kleid von Gold, Silber und mit Perlen besetzt tragen, ebenso die Professoren und Doctoren auf den Universitäten und ihre Weiber kein Gold, Silber

Kaiserin (06)
Maria Theresia

oder Perlen zu Verbrämungen, wie auch keine Perlketten oder Mützen mit Perlen, Halsgehänge, Schuhe, Pantoffeln, Tücher, Nadeln etc. mit Gold, Silber und Perlen gebrauchen;" den Weibern der Hofdiener und Sekretäre waren Schleier mit Perlen nicht gestattet, wohl aber goldene, mit Perlen besetzte Hauben; den Amtsvögten, Bürgermeistern, Rathsverwandten und Verwaltern waren untersagt alle Perlketten und Kleinodien mit Edelsteinen an Kleidern, Schleiern, Mützen etc. dann Schuhe, Pantoffeln mit Perlen, wie Kränze mit Perlen, Goldrosen, Edelsteine etc."[2]

Die Nachfrage nach Perlen hat sich über Jahrhunderte gehalten – und so manches Schmuckstück erzählt aufregende Geschichten: 2020 etwa wurde in einem antiquarischen Zeitungsartikel das Foto einer Nixe entdeckt, die eine ungewöhnlich große Perle mit 7 mm Durchmesser in die Höhe

hält. Die Brosche befindet sich in einer Schatulle mit der Beschriftung: „Magaritana" gefunden 10. August 1903 bei Lichtenau in der Grossen Michl Ober Oesterreich." Wir wissen, dass die Perle im Sommer 1903 vom Perlenfischer Poidl aus der Großen Mühl bei Haslach gefischt wurde, denn er hat sie pflichtbewusst dem Grundbesitzer Heinrich Vonwiller übergeben, der daraus ein Schmuckstück für seine Frau fertigen lies.

(07)

(08)

Wo sich die Brosche heute befindet ist unbekannt. 2002 kam sie in einer Auktion im Dorotheum zum Aufruf, seither befindet sie sich wohl in Privatbesitz.

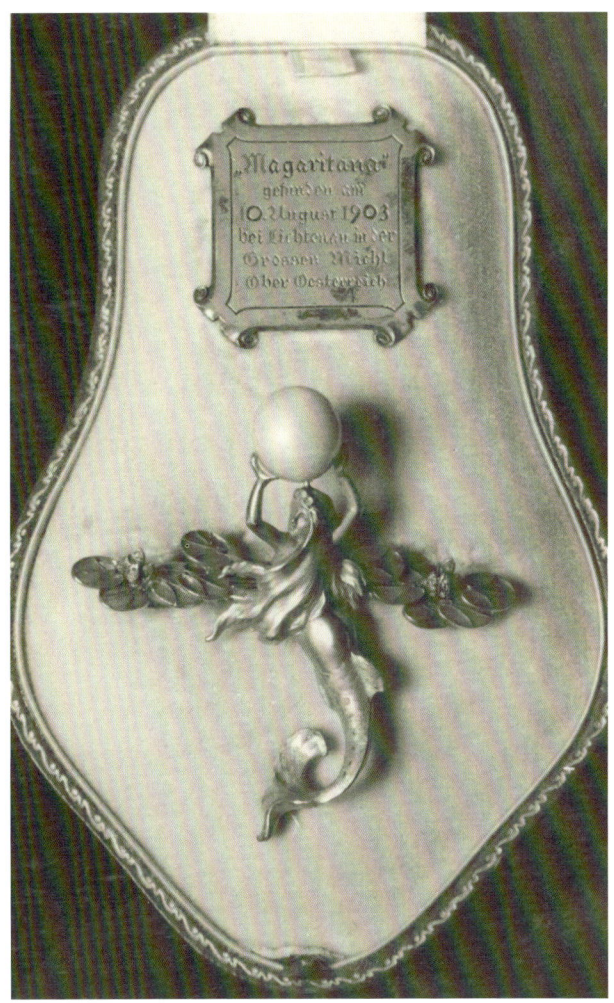

Auch diese Schmuckstücke mit Flussperlen stammen aus Haslach. Die Saatperlen die mit Granaten die Halskette zieren müssen fast 30 Jahre vor der Perle aus der „Grossen Michl" gefunden worden sein, denn der Schmuckstil der Kette kann dem Historismus zugerechnet werden und ist demnach zwischen 1870–1890 entstanden.

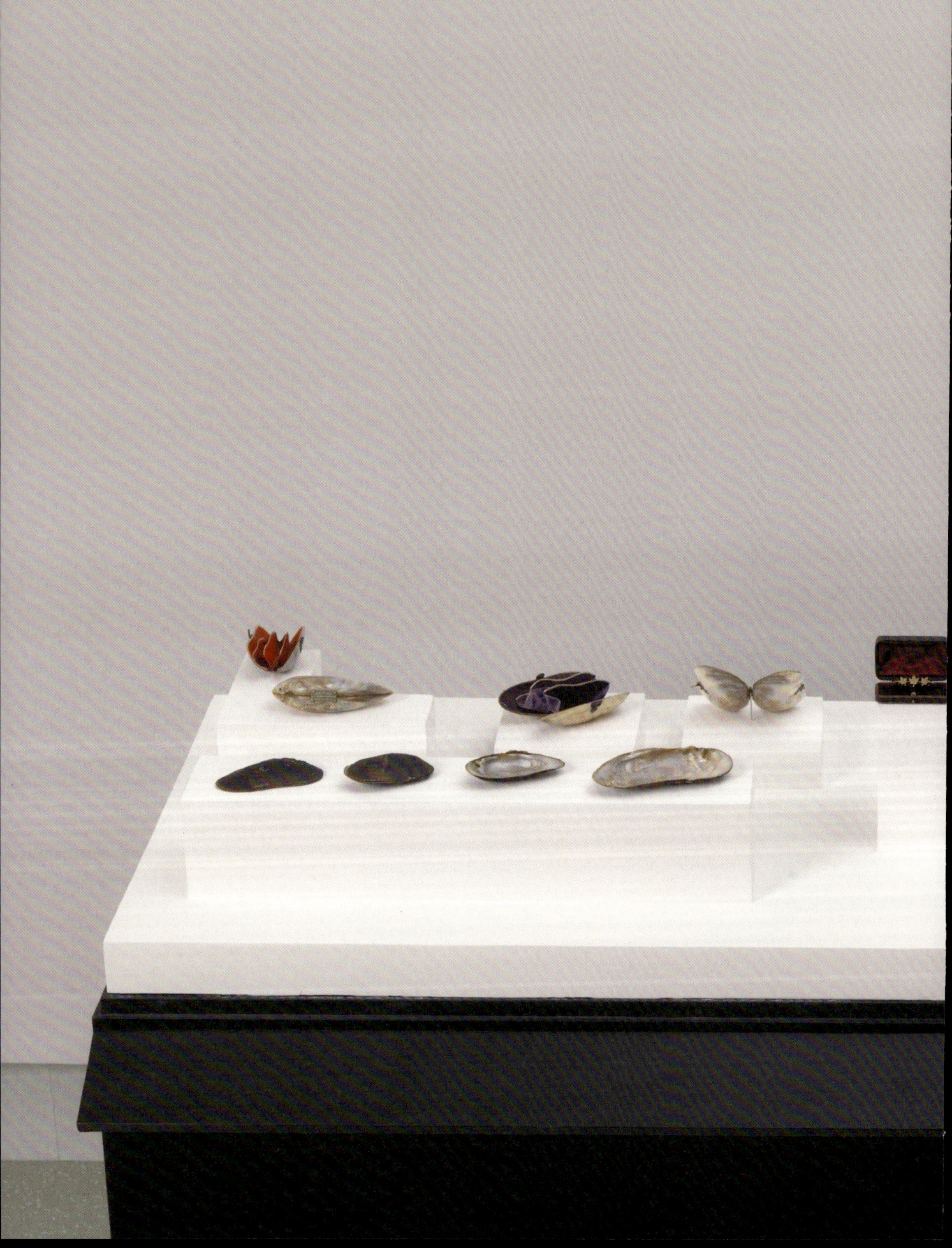

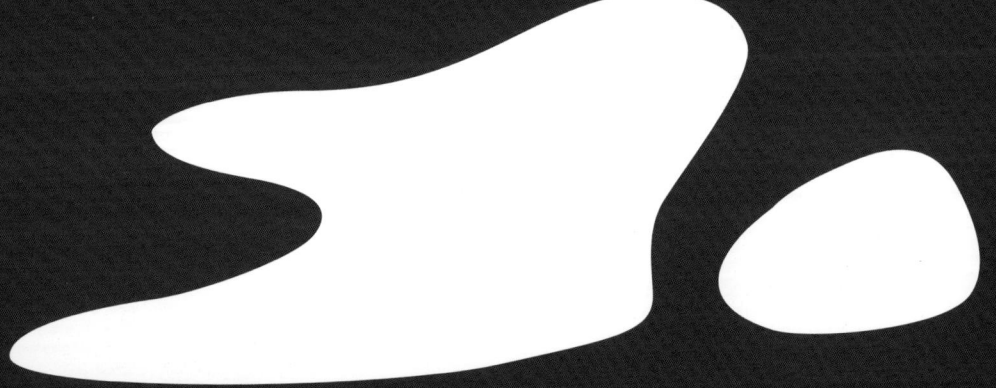

KAPITEL II

GEPLÜND

ERTE

PERLEN
TRUHEN

Früher gehörten die Bäche und damit die Perlen den adeligen Grundbesitzern oder Klöstern und diese wachten streng über deren Fisch- und Muschelbestand, denn er war eine zuverlässige Einnahmequelle. Damit auch jedem klar war, dass Diebstahl streng bestraft würde, standen entlang der Gewässer Tafeln mit abschreckenden Bildern. Doch die Bevölkerung war arm und der „Schwarzmarkt" für Flussperlen lukrativ, sodass zu passenden Gelegenheiten, wie während der Messe oder nachts, immer wieder heimlich gestohlen wurde.

Die einzigen, die berechtigt waren, Perlmuscheln zu fischen, waren die Perlenfischer, die für die Pflege der Tiere zuständig waren und jeden Fund bei ihrem Arbeitgeber, dem jeweiligen Grundbesitzer, abgeben mussten. Diese Perlfischer waren hochspezialisiert und konnten anhand der sogenannten Perlenzeichen einer Muschel von außen ansehen, ob sich in ihrem Innern eine Perle verbarg. Das war wichtig, damit sie nicht einfach wahllos Muscheln öffnen mussten, was deren Tod bedeutete. Sie konnten die Bestände schonen und für den Fall, dass sie sich nicht ganz sicher waren, hatten sie eine Technik entwickelt, wie sich eine Muschel probeweise mit einer spezielle Perlenzange nur einen kleinen Spalt öffnen ließ, ohne sie zu verletzen. Das war von großer Bedeutung für den Erhalt der Bestände, wie der Blick in eine Urkunde aus Bayern sehr deutlich macht: Zwischen 1814 bis 1857 wurden in den Regionen Oberfranken, Oberpfalz und Niederbayern 158.000 Perlen geerntet.[3] Laut Statistik mussten dafür 75.425.000 Muscheln „durchsucht" werden – ohne Perlenzange und dem Geschick der Perlenfischer hätte das den Tod von über 75 Millionen Muscheln bedeutet.

Je älter eine Flussperl-
muschel wird, umso
sichtbarer werden
die Abnutzungen der
Schalenteile: Durch
Verletzungen der
organischen (braunen)
Schutzschicht löst
sich die Kalkschale
schichtenweise im
saurem Wasser lang-
sam auf.

Flußperlmuscheln
ohne
Perlenansätze.

Diese beiden Flussperlmuscheln sind etwa 100 Jahre alt.
Ihre Bewahrer haben im 18. Jahrhundert ihre Provenienz notiert:

„Aus der Aist bey Kafermark.“

„Perlmuschl aus der Rodl bey Roteneck
4. October [1]789
Darin waren 4 kleine Perl. A"

Trotz allem kam es bereits Ende des 19. Jahrhunderts zu einem so bedrohlichen Verschwinden der Muscheln aus den heimischen Gewässern, dass 1895 erstmals Schonzeiten zum Schutz der Bestände eingeführt wurden. Denn mit der Industrialisierung hatte die Muschel auch ohne eine Perle einen wirtschaftlichen Wert, was zu regelrechten Plünderungen der sogenannten Perlentruhen geführt hat: Zum einen hatten die Bauern den Nährwert von Muschelmehl für ihre Zuchttiere entdeckt und verwendeten deren Schalen sogar als Schaber für Schweineborsten. Zum anderen hatte sich um die Flussperlmuschel eine wahre Perlmuttindustrie entwickelt: die das Perlmutt als Schmuck von Geldbörsen und Etuis aus ganzen Schalen. Aus Schalenhälften wurden Knöpfe gedrechselt und Blättchen für Verzierungen wie Musikinstrumente usw. gemacht.

(21)

MUSCHELBESTAND
IM GRÖSSENVERGLEICH:
1800 waren noch 80 % der
natürlichen Bestände in
den Gewässern vorhanden.
1939 waren diese bereits
auf unter 10 % geschrumpft.
Die heutigen Bestands-
zahlen sind weniger als 5 %
– eher 1 % der historischen
Bestände.

(20)

Gegen Ende des 19. Jahrhunderts blühten die Perlmuttindustrie und vor allem der Handel mit Portemonnaies und Schmuck – auch mit dem Ausland.

So kam es vor, dass jemand ein schönes Andenken aus Venedig oder Konstantinopel mitbrachte, das in der Heimat hergestellt worden ist.

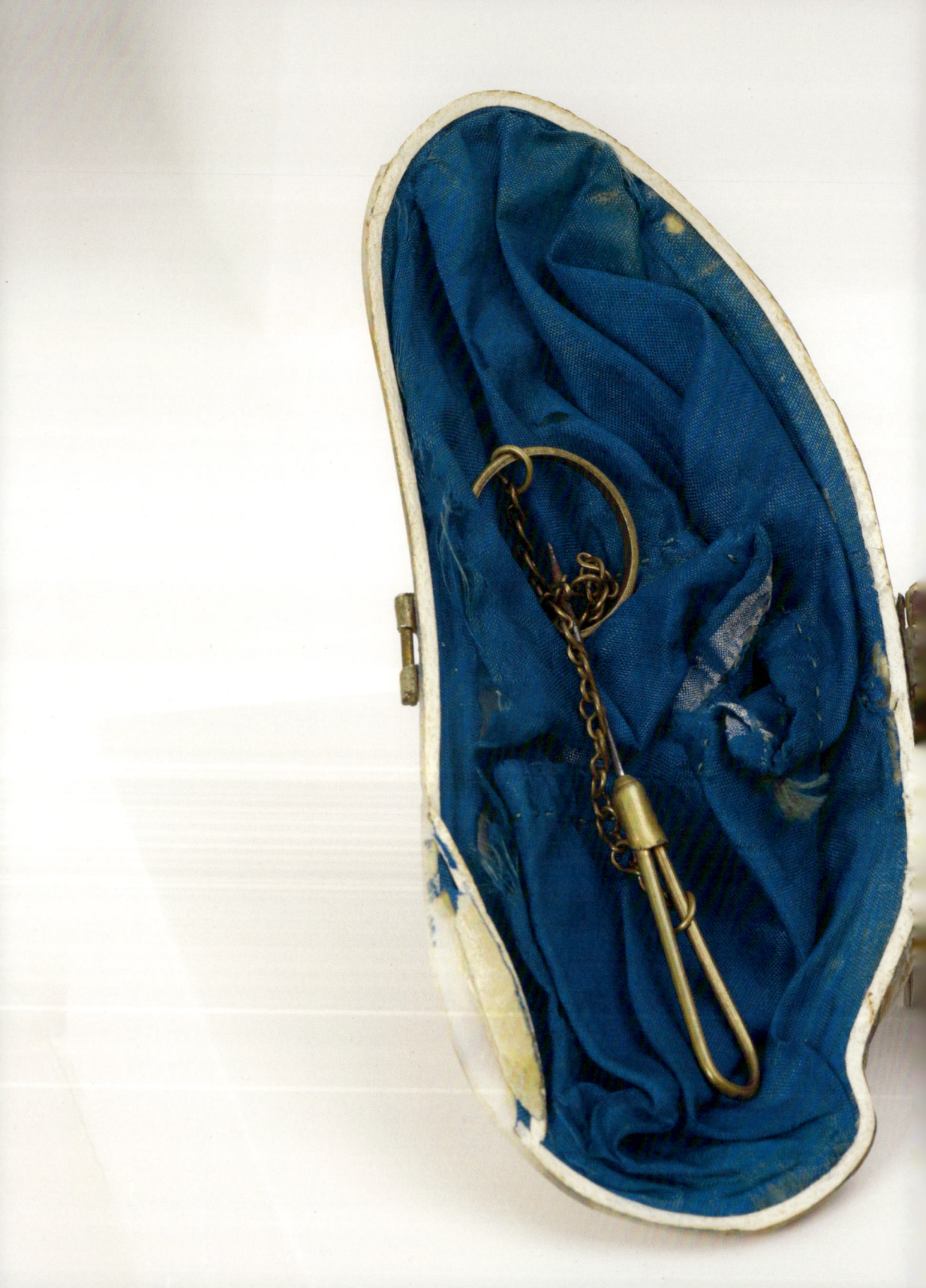

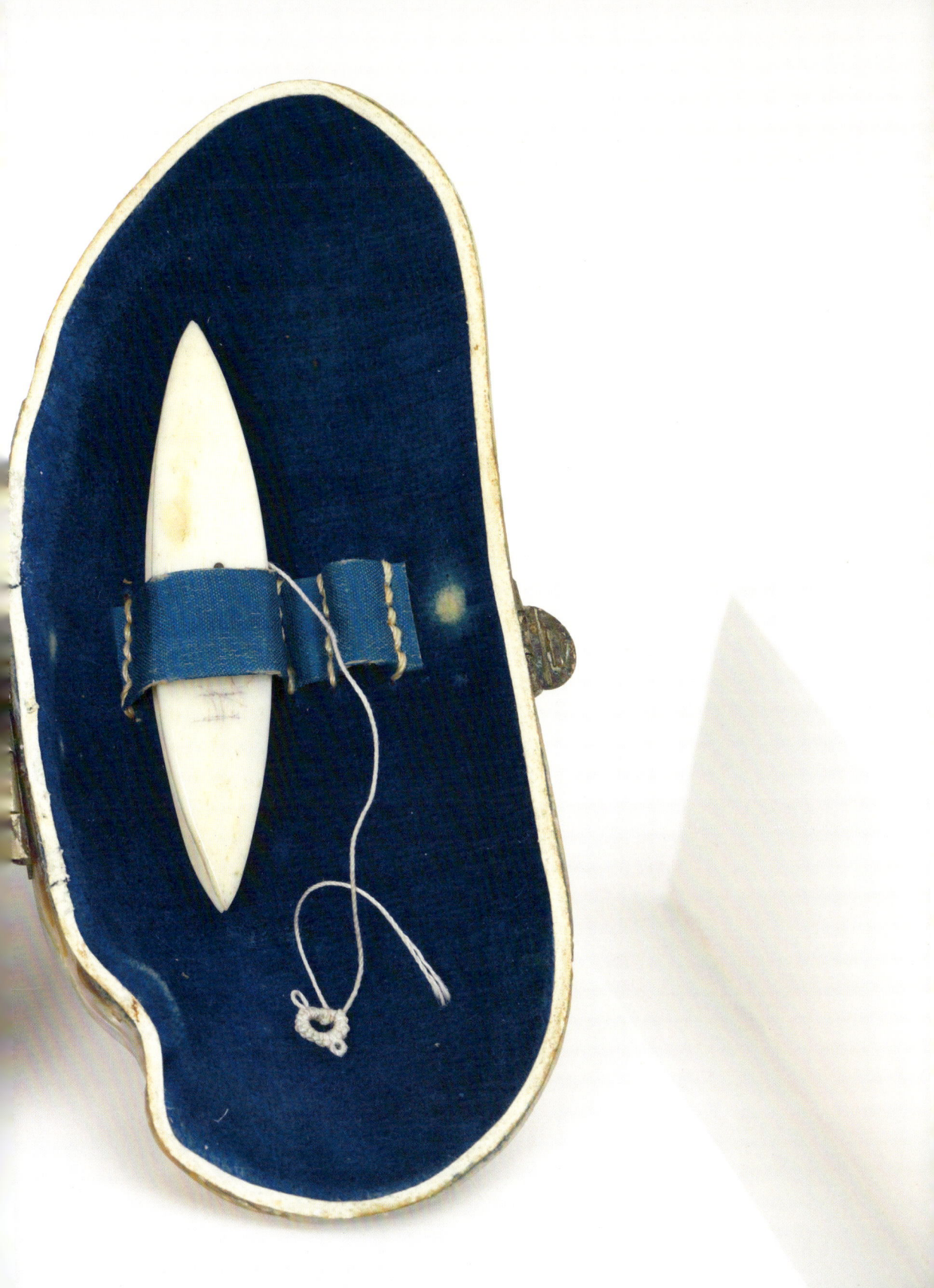

KAPITEL III

WIE

PERLE

EINE

ENT
STEHT

Die Liste der Voraussetzung dafür, dass eine Perle entsteht, ist nicht nur lang, sie beinhaltet auch zahlreiche Zufälle: Die Muschel muss mindestens 26 Jahre alt sein, denn erst dann überlebt sie eine Verletzung, das heißt, dass ausreichend schalenbildende Zellen ins Bindegewebe gelangen, denn damit sich nun aber eine Perle „einnisten" kann, muss diese Schicht von einem Fremdkörper „verletzt" werden. Dann nämlich wachsen als Abwehrreaktion die Zellen um den Fremdkörper herum und „isolieren" ihn als Perlensack, der Perlmuttschicht um Perlmuttschicht schließlich zu einer freien Perle heranwächst — „Perlen sind nichts anderes als in Kugelgestalt umgewandelte Schalen."[4]

Diesen komplizierten Vorgang hat freilich erst die moderne Wissenschaft erforscht, darum hat man sich die Entstehung der Perlen lange Zeit geradezu lyrisch erklärt. Man nannte Perlen „Tränen der Götter", stellte sich vor, sie würden aus Tautropfen entstehen, oder sie wären die Spucke kämpfender Drachen, wenn diese wie Regen auf die Erde fiel.

Seit dem Mittelalter symbolisieren Perlen nicht nur Reinheit und Vollkommenheit, ihnen wurden auch heilende Kräfte zugeschrieben. Der Stadtmedicus von München hielt 1637 in einem Buch mit dem Titel „Margaritologia – Die Schrift über die Heilkraft bayerischer Flußperlen" unter anderem Perlenrezepte zur Herstellung von Medikamenten auf, die gegen Epilepsie, melancholische Stimmungen zur Verhütung von Schlaganfällen, als Schlafmittel und als Schutz vor der Pest helfen sollten.

Es ist schon erstaunlich: Eine Flussperlmuschel, die jünger als 26 Jahre ist, hat noch nicht die nötige Widerstandskraft, um eine Verletzung zu überleben. Doch wenn ausreichend schalenbildende Zellen ins Bindegewebe gelangen, kann sie das nicht nur überleben, sie verwandelt ihre „Wunde" in wunderschöne Perlen.

(28)

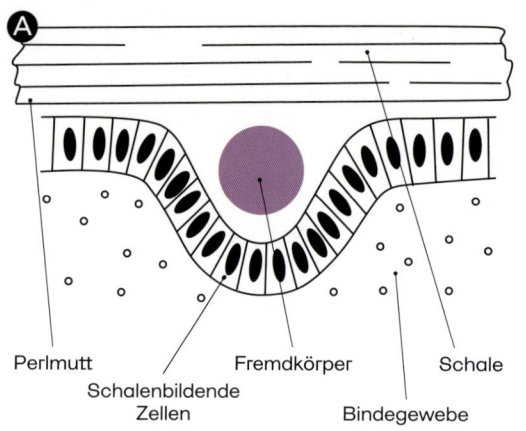

Perlmutt Fremdkörper Schale
Schalenbildende
Zellen Bindegewebe

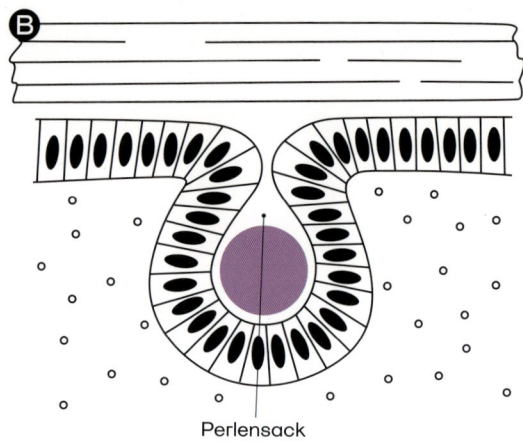

Perlensack

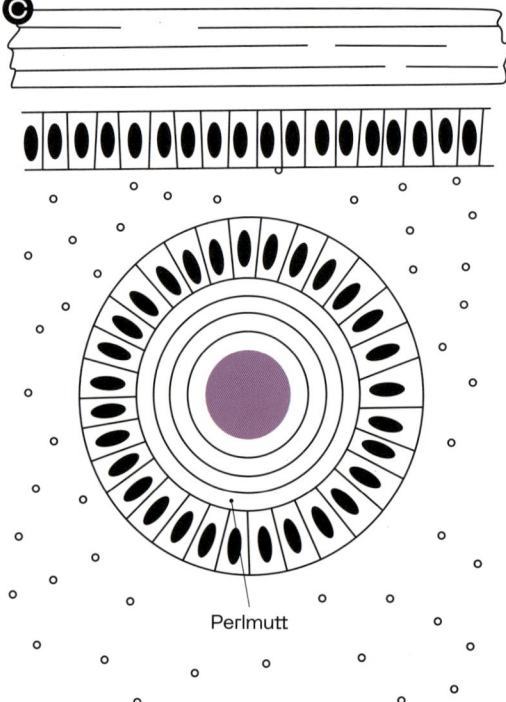

Perlmutt

PERLENBILDUNG (29)

Ein Fremdkörper gerät durch eine Verletzung zwischen Schale und schalenbildendes Gewebe (A). Er wird von Zellen umschlossen (B) und mit Schalenschichten und Perlmutt ummantelt (C).

Doch auch wenn wir heute Dank wissenschaftlicher Methoden genau nachzeichnen können, wie Perlen entstehen, etwas Poesie steckt nach wie vor in diesem Prozess, der von einigen glücklichen Zufällen abhängt, denn die Flussperlmuschel hat sich im Laufe der Evolution eine komplizierte Fortpflanzungsstrategie zurechtgelegt: Ist ein Weibchen mit etwa 15 Jahren geschlechtsreif trägt es bis zu 10 Millionen Eier in den Kiemen. Diese Eier werden aber nur dann befruchtet, wenn einer ihrer männlichen Artgenossen seinen Samen ins Umgebungswasser abgegeben hat, sodass die fruchtbaren Weibchen deren Spermien „einatmen" können. Nur dann entwickeln sich aus den Eiern mikroskopisch kleine Muschellarven – und bereits in diesem Stadium ist der Bestand bereits stark geschrumpft, denn die Weibchen können nur bis zu 4 Millionen dieser sogenannten Glochidien in ihren Bruttaschen bebrüten.

Wenn diese winzigen Larven dann nach circa 4–6 Wochen reif sind, werden sie vom Muttertier ins Wasser ausgestoßen. Mit etwas Glück lauern bereits junge Bachforellen darauf, diese vermeintlich willkommenen Leckerbissen zu fressen. Dabei geht wieder ein Teil der Population verloren, denn nur die Muschellarven, die es schaffen, sich im Kiemengewebe der Forelle „festzuklammern" überdauern dort als Parasiten den Winter. Wenn sie im folgenden Sommer, nach etwa 10 Monaten, wenn sie zur Jungmuschel gereift und zwischen 0,3 bis 0,6 mm groß sind, von ihrem Wirtsfisch abgestoßen werden rieseln sie aus den Fischkiemen in den Bachgrund, wo sie hoffentlich ungestört in den nächsten fünf Jahren auf eine Größe von ca. 1,5 cm heranwachsen. Dann kommen sie an die Oberfläche des Bachbettes und siedeln sich zu ihren Artgenossen in Muschelbänken an, wo sie, vorausgesetzt dass die Wasserströmung geeignet ist, Nahrung und Sauerstoff aus dem Wasser filtern. So können Flussperlmuscheln in den Mühlviertlerbächen bis zu 120 Jahre alt werden, doch ob sich in ihnen auch eine Perle heranbildet, bleibt immer noch sehr unwahrscheinlich, denn diese findet sich nur in jeder 3000sten Muschel.

Mit „Aqua perlata", zermahlenem Perlenpulver das in Zitronensaft oder Essig aufgelöst wurde oder „Perlenmilch" wurden in Europa über Jahrhunderte hinweg Krankheiten behandelt.

VON DER JUNGM ZUR ALTER LOSEN

SC

MUSCHEL

S-

CHÖNHEIT

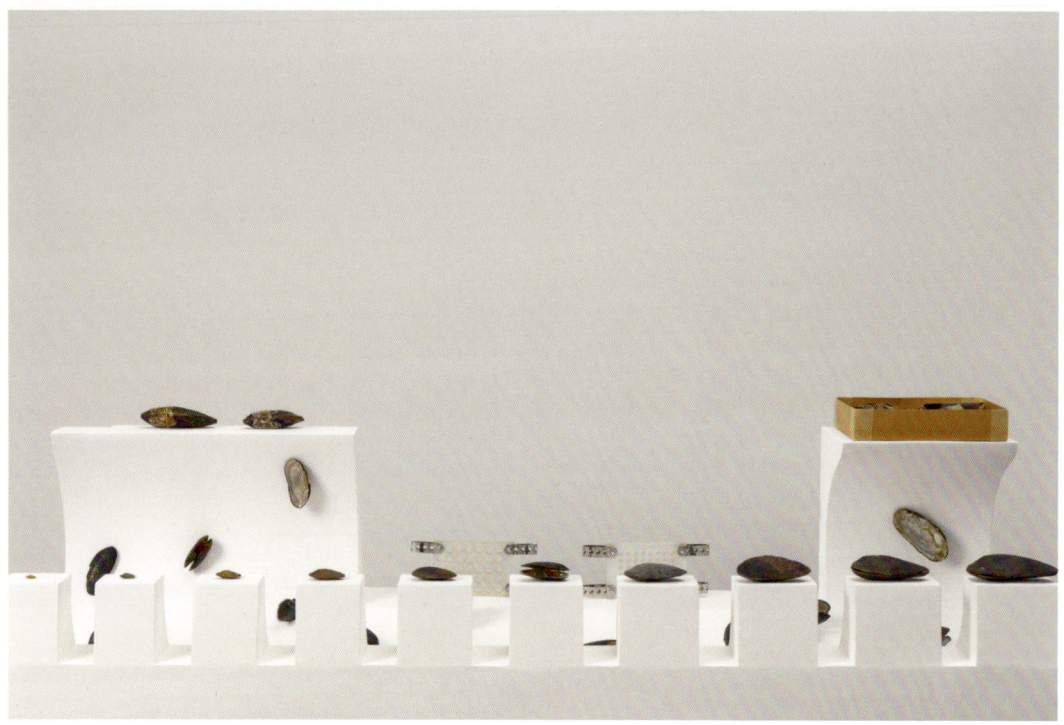

(31)

Die Jungmuschel ganz links ist um die
fünf Jahre alt und 1,5 cm groß,
die größte Muschel ganz rechts ist über
100 Jahre und misst 14 cm.

5 Jungmuscheln liegen 5 Jahre geschützt im Bachgrund.

7 Mit 5 bis 7 Jahren sind sie circa 1,5–2 cm groß und siedeln sich in den Muschelbänken an.

10 Im Alter von 10 Jahren sind die Muscheln „Teenager".

12 Mit 12 Jahren sind sie fast „erwachsen".

15 Mit 15 bis 20 Jahren werden weibliche und männliche Muscheln geschlechtsreif und können sich fortpflanzen.

26 Erst ab einem Alter von 26 – 30 Jahren können in einer Muschel auch Perlen wachsen.

40 Mit viel Glück und einer guten „Ernährung" sind Muscheln mit 40 Jahren ca. 9 cm lang.

50 Mit 50 Jahren trägt eine Muschel fünfzig „Jahresringe".

100+ Auch mit über 100 Jahren können Flussperlmuscheln noch „Babys" bekommen.

ENTWICKLUNGSZYKLUS DER FLUSSPERLMUSCHEL

(33)

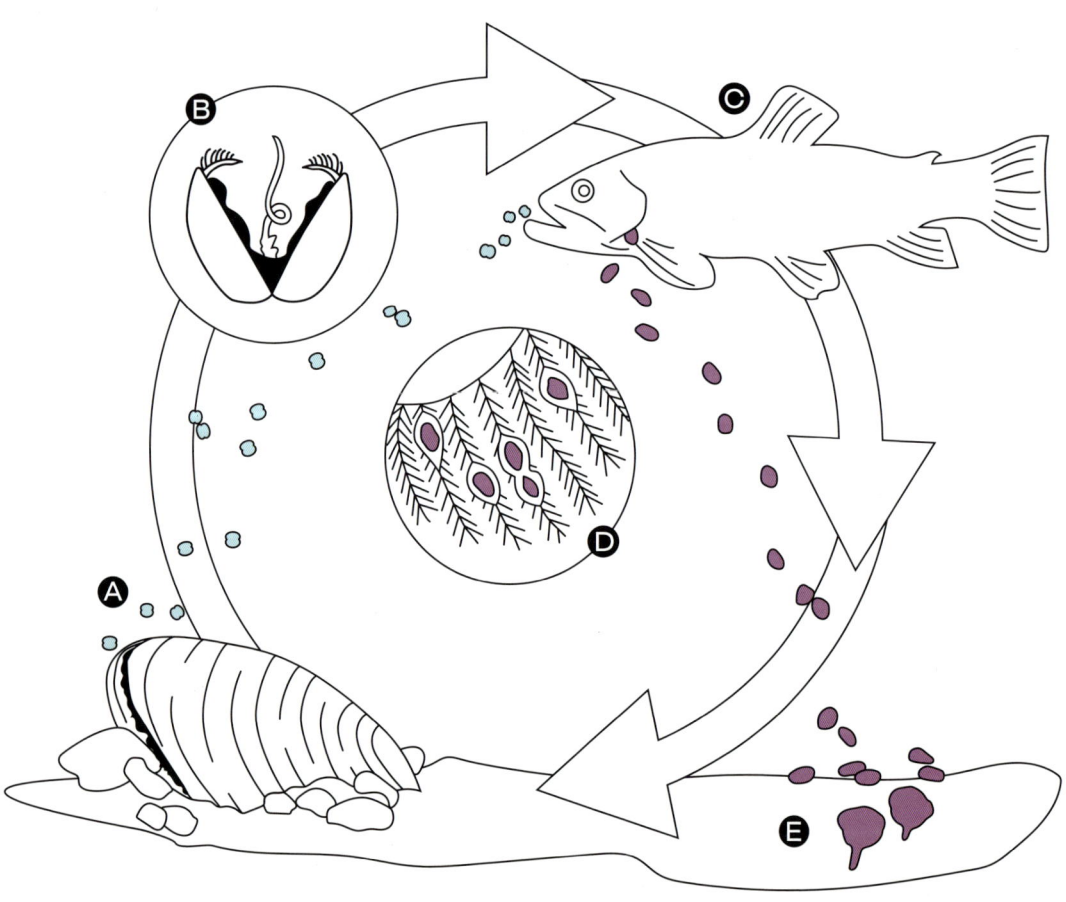

Flussperlmuscheln sind ausgesprochen fruchtbar! Mit 15–20 Jahren sind die Weibchen (A) geschlechtsreif und können durchschnittlich 4,2 Millionen Muschellarven im Jahr in ihren Bruttaschen in den Kiemen bebrüten.

Die Weibchen nehmen die männlichen Spermien über das Atemwasser auf. Sind die Muschellarven – genannt Glochidien (B) – reif, werden sie vom Muttertier ins Wasser ausgestoßen, aber nur wenn diese winzigen Larven auf junge Bachforellen (C) treffen, haben sie eine Überlebenschance. Denn an deren Kiemengewebe (D) können sie sich festklemmen und gut geschützt heranreifen.

Nach etwa 10 Monaten sind die Jungmuscheln (E) in Mitteleuropa dann 0,3 bis 0,6 mm groß und beginnen im Frühsommer aus den Fischkiemen in den Bachgrund zu rieseln. Erst wenn sie dort auf eine Größe von circa 1,5 cm herangewachsen sind, kommen sie an die Oberfläche des Bachbettes, wo sie in der geeigneten Wasserströmung ihre Nahrung und Sauerstoff aus dem Wasser filtern.

KAPITEL IV

FLUSSPER
MUSCHEL

SCH
WER
LE

L
N –
ÜTZENS
TE
BEWESEN

Heute steht die Flussperlmuschel aufgrund ihres
Gefährdungsstatus sowohl
national als auch inter-
national unter strengem
Schutz. In der Liste der
weltweit gefährdeten Arten
wird sie in der zweithöchs-
ten Gefährdungsstufe mit
„hohes Aussterberisiko in
naher Zukunft" aufgeführt,
in Europa sogar in der
höchsten Gefahrenstufe.
Das hat mehrere Ursachen.

Zum einen ist die Flussperlmuschel eine
wahre Netzwerkerin, deren Überleben
aber von einem gesunden und funktio-
nierenden Beziehungsnetz aus Flora und
Fauna abhängig ist: Auch, wenn „die aus-
gewachsenen Flussperlmuscheln ein sehr
beschauliches Dasein in natürlicherweise
sehr großen Populationen fristen"[5], benötigen sie dafür ein gesundes, stabiles
Bachbett, denn: „Sie sitzen dicht an dicht
mit ihren Nachbarn und sind mit dem Vor-
derende halb im Bachgrund eingegraben.
Das Hinterende der Altmuscheln schaut
aus dem Sediment heraus."[6] Umweltverschmutzung und zerstörte Lebensräume
sind heute die Hauptursache dafür, dass

(34)

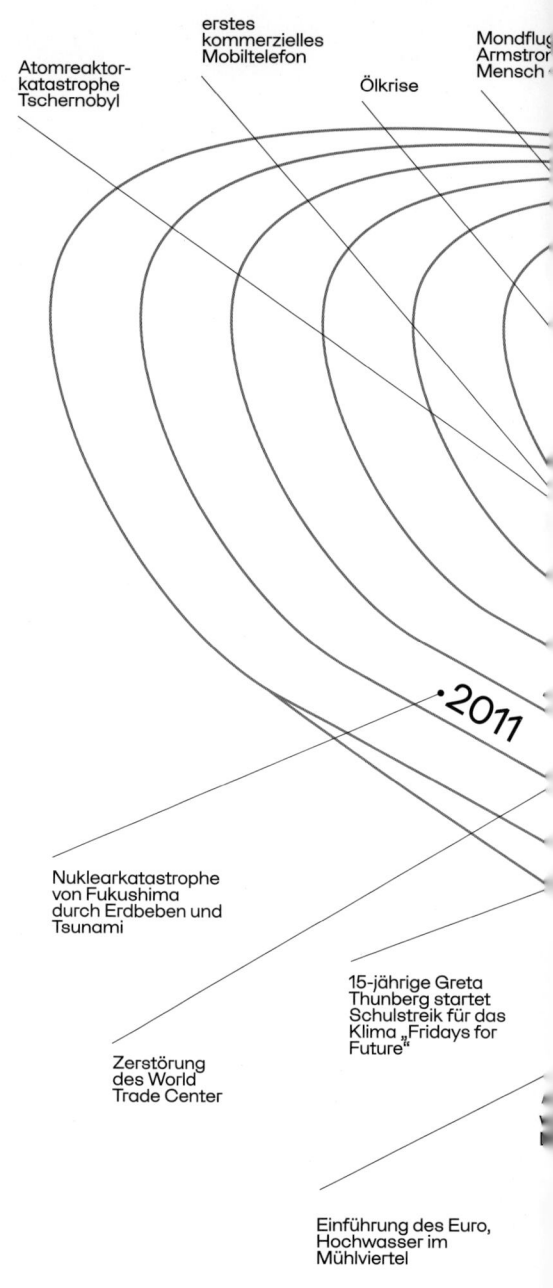

erstes
kommerzielles
Mobiltelefon

Atomreaktor-
katastrophe
Tschernobyl

Ölkrise

Mondflug
Armstron
Mensch

2011

Nuklearkatastrophe
von Fukushima
durch Erdbeben und
Tsunami

15-jährige Greta
Thunberg startet
Schulstreik für das
Klima „Fridays for
Future"

Zerstörung
des World
Trade Center

Einführung des Euro,
Hochwasser im
Mühlviertel

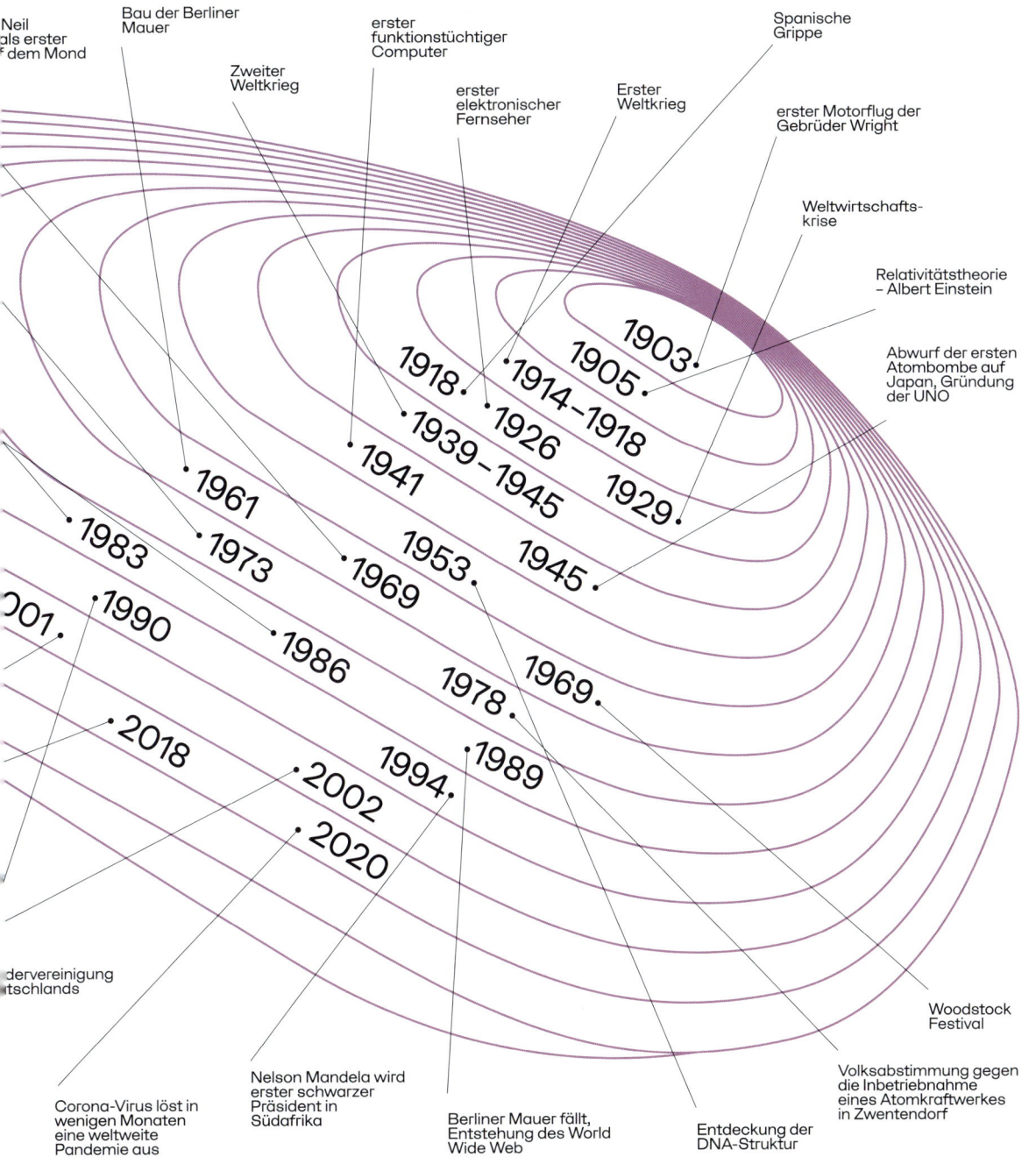

Neil
als erster
dem Mond

Bau der Berliner
Mauer

Zweiter
Weltkrieg

erster
funktionstüchtiger
Computer

erster
elektronischer
Fernseher

Erster
Weltkrieg

Spanische
Grippe

erster Motorflug der
Gebrüder Wright

Weltwirtschafts-
krise

Relativitätstheorie
– Albert Einstein

Abwurf der ersten
Atombombe auf
Japan, Gründung
der UNO

1903

1905

1918

1914–1918

1926

1939–1945

1941

1929

1961

1983

1973

1969

1953

1945

001.

1990

1986

1978

1969

2018

2002

1994

1989

2020

dervereinigung
tschlands

Woodstock
Festival

Corona-Virus löst in
wenigen Monaten
eine weltweite
Pandemie aus

Nelson Mandela wird
erster schwarzer
Präsident in
Südafrika

Berliner Mauer fällt,
Entstehung des World
Wide Web

Entdeckung der
DNA-Struktur

Volksabstimmung gegen
die Inbetriebnahme
eines Atomkraftwerkes
in Zwentendorf

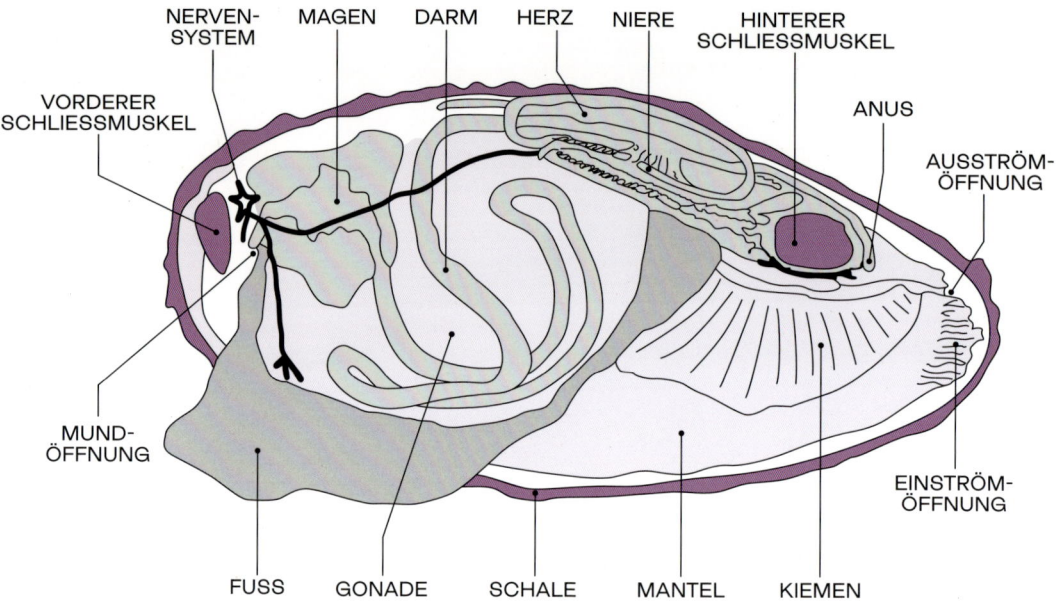

(35)   Anatomie der Flussperlmuschel

sie vom Aussterben bedroht sind. Eine Grundvoraussetzung dafür, dass sie sich in heimischen Gewässern wohlfühlt, ist die Qualität des Wassers. Wie viele andere Tier- und Pflanzenarten, wie etwa Bachneunaugen, Bachflohkrebse, Steinkrebse und Köcherfliegenlarven, die nur noch selten vorkommen, profitieren Flussperlmuscheln von einem gesunden Lebensraum. Alle sind mit allen verbunden und bilden eine Gemeinschaft, die nur unter bestimmten Bedingungen funktioniert.

Wenn etwa die richtigen Pflanzen am Ufer wachsen, gelangen geeignete Nährstoffe wie etwa aus Süßgräsern ins Wasser – Futter für die Bachbewohner!

Lebewesen in kühlen Bächen benötigen zwar wenig Nahrung und wachsen langsam, aber das sind die besten Voraussetzungen dafür, so alt wie die Flussperlmuscheln zu werden.

Das Blut der Flussperlmuschel ist farblos und zirkuliert in einem System mit der Lymphe durch den Körper. Dabei übernimmt diese Blut-Lymph-Mischung („Hämolymphe") zwei Funktionen: Sie transportiert die Nährstoffe, dient aber auch der Fortbewegung, denn mit ihrer Hilfe kann der muskulöse Fuß der Muschel ausgestülpt und verdickt werden, sodass sich die Muschel z. B. hinter Steinen verkanten und ihren Körper anschließend heranziehen kann. Auf diese Weise kann sie sich etwas fortbewegen und auch kurze Wanderbewegungen durchführen, was aber nur selten vorkommt, die Tiere sind eher ortstreu und wechseln ihren Standort meist „gezwungenermaßen", wenn zum Beispiel starke Hochwässer sie verschwemmen.[7]

Heute ist das größte Problem der fehlende Nachwuchs, denn eine Jungmuschel ist auch ohne Umweltschäden und Perlenfischer zahlreichen Gefahren ausgesetzt, sobald sie aus den Kiemen der Bachforellen ins Flussbett rieseln. Eigentlich sollten sie ihre ersten Lebensjahre ungestört und gut genährt im Gewässergrund heranwachsen, doch durch die intensive Landwirtschaft und die Landnutzungsänderungen im direkten Gewässerumland wird heutzutage sehr viel Feinsediment in die Bäche geschwemmt und dadurch der Kieslückenraum verstopft – die Muscheln ersticken im Flussbett.

Obwohl erste Zuchtversuche Ende des 19. Jahrhunderts noch auf die Gewinnung von Perlen fokussiert waren, hilft die lange Tradition und der dadurch gewonnene Erfahrungsschatz bei aktuellen Zuchtprogrammen. Eine der erfolgreichsten „Perlmuschelzuchtanstalten" Europas befand sich im oberösterreichischen Innviertel, am Dobelbach bei Schärding am Inn. Gegründet etwa um 1830, wurde sie in den 1930 Jahren vor allem durch die intensiv wissenschaftliche Forschung des Wiener Perlforschers Prof. Riedl berühmt. Doch trotz allen Erfolgen, sind vor allem Naturschutzmaßnahmen sowie die Hilfe von Mitstreitern und Geduld nötig, um den Bestand der Flussperlmuscheln in unseren heimischen Gewässern zu stabilisieren. Denn Wiederansiedlungsprojekte wie das Artenschutzprojekt *VISION FLUSSPERLMUSCHEL* oder das grenzüberschreitende Forschungsprojekt Malšemuschel, sind aufwändig und brauchen Zeit. Auch daher sind Information und Aufklärung der Bevölkerung genauso wichtig, um die schrittweise „Reparatur" der Natur nicht aufgrund Unkenntnis unnötig zu gefährden: Durch das Pflanzen von standortspezifischen Laubhölzer entlang der Ufer sind Nahrungslieferanten für Bachbewohner, die Einrichtung von Sedimentationsflächen ist wichtig für ein gesundes Bachbett – alles sichtbare Eingriffe in unsere Umgebung, die nur positiv wirken können, wenn sich alle bewusst sind, dass sie für die Bestandssicherung der heimischen Bachforellen wesentlich sind, ohne die sich die Flussperlmuscheln nicht fortpflanzen können.

LEBENS

RAUM

(36)

Wenn die zahlrei-
chen Fließgewässer
des Mühlviertels
„gesund" sind, bieten
sie einer Vielzahl von
Tieren und Pflanzen
einen Lebensraum.
Allerdings ist die
natürliche Gewässer-
dynamik heute im
Ungleichgewicht.

(37)

Die Flussperlmuschel
ernährt sich von
Mikroorganismen
und feinen Schweb-
stoffen, die sie aus
dem Wasser filtert –
200 Liter pro Tag!

(38)

In unseren Gewässern ist die Bachforelle der einzige Wirt für die Larven der Flussperl- muscheln – und sie trägt ganz wesentlich zur Verbreitung der Flussperlmuschel bei.

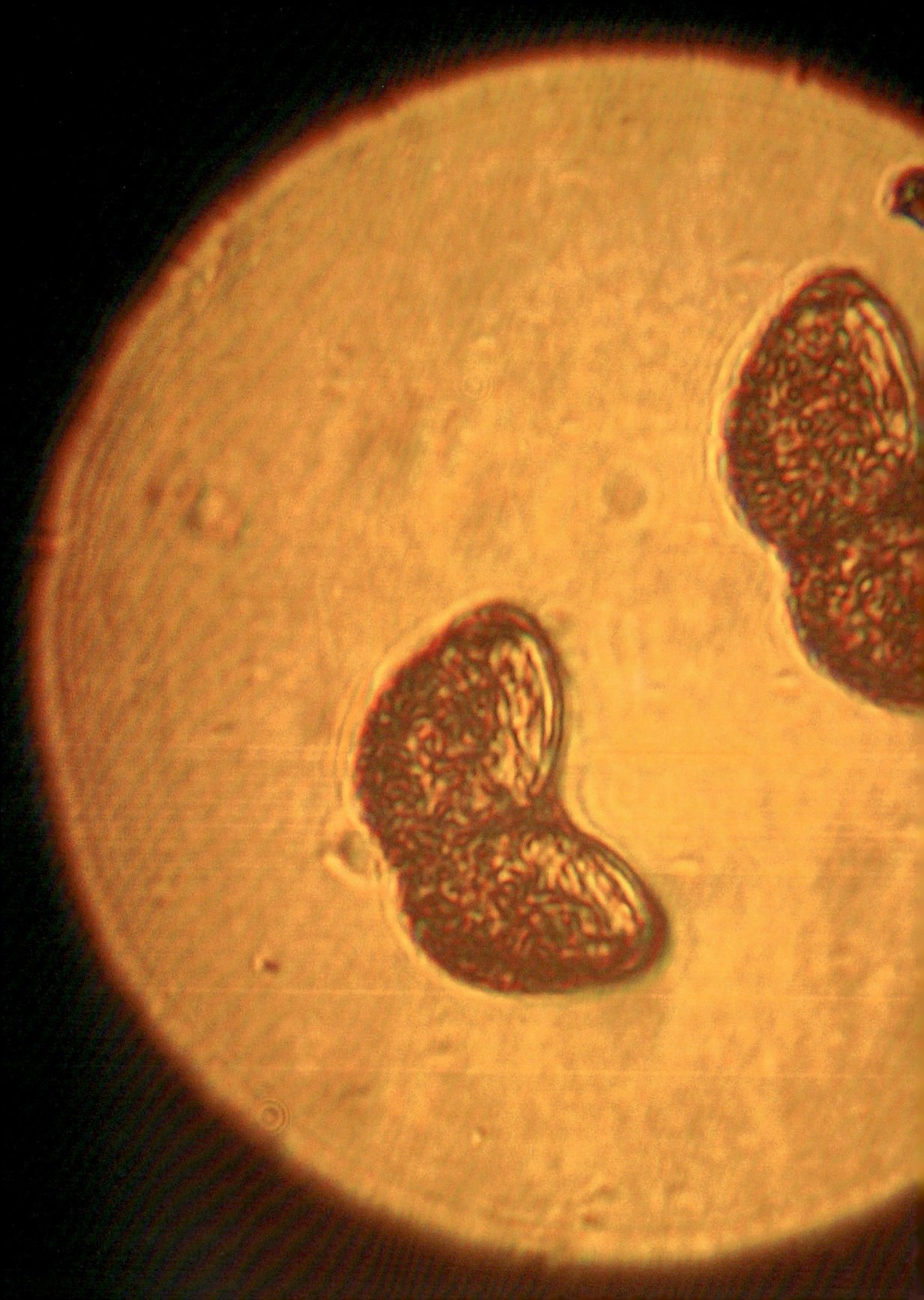

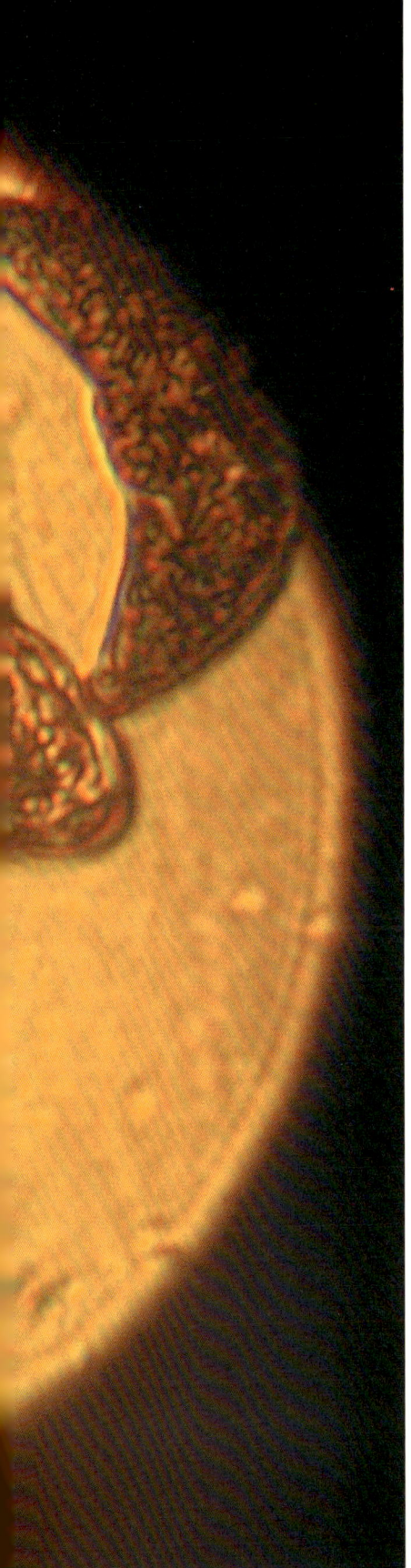

(39)

Die Larven der
Flussperlmuschel
bezeichnet man
als Glochidien.
Sie leben etwa zehn
Monate lang im
Kiemengewebe einer
jungen Bachforelle,
bevor sie schließlich
als Jungmuscheln
aus den Kiemen in
den Gewässergrund
rieseln. Glochidien
werden nicht größer
als 0,05 mm.

(40)

Im Rahmen der
heutigen Nachzucht-
programme werden
die mikroskopisch
kleinen Jungmuscheln
drei Monate in einer
„Schälchen-Halterung"
versorgt.

Perlen der Fluß=
perlmuschel

QUELLEN

1   https://www.theguardian.com/world/2019/oct/20/pearl-claimed-as-worlds-oldest-is-to-be-exhibited-in-abu-dhabi

2   Dieses und die vorhergehenden Zitate: Theodor Hessling:
Die Perlmuscheln und ihre Perlen (1859), S. 376

3   Hans Grohs: Apollo Nr. 34 – Süßwasserperlen (1973), S. 3–5

4   Theodor Hessling: Die Perlmuscheln und ihre Perlen (1859), S. 376

5   Vgl. dazu: Wasserwirtschaftsamt Hof:
Die Perlmuschel im Dreiländereck „Böhmen – Bayern – Sachsen" (1996)

6   Ebd.

7   Vgl. dazu: Wasserwirtschaftsamt Hof:
Die Perlmuschel im Dreiländereck „Böhmen – Bayern – Sachsen" (1996)

FOTOAUTOREN & GRAFIKRECHTE

PARTNER

Standortpartner

Wentzel'sche Guts- und
Forstverwaltung Weinberg

Marktgemeinde
Kefermarkt

Kooperationspartner

Medienpartner

Wirtschatfspartner

IMPRESSUM

Dieser Katalog erscheint zur
Wanderausstellung
HEIMISCHE PERLENGEHEIMNISSE
vom 08.06–26.10.2021

Kataloge der
OÖ Landes-Kultur GmbH Folge 13
ISBN 978-3-85474-371-2
Linz 2021

MEDIENINHABER
OÖ Landes-Kultur GmbH
Geschäftsführung:
Alfred Weidinger
Museumstraße 14, 4020 Linz
www.ooelkg.at

KONZEPT / TEXT
Alexandra Aberham,
Mona Horncastle

FOTOS
Michael Maritsch

HERAUSGEBER*IN /
MEDIENINHABER /
GESCHÄFTSFÜHRUNG:
Alfred Weidinger

DESIGN VITRINEN
Manfred Wakolbinger

BUCHGESTALTUNG
Carte Blanche Design Studio

DRUCK
Gutenberg-Werbering Gesellschaft m.b.H.